TRAKTOREN
UND LANDMASCHINEN

Wie sie funktionieren
und was sie können

TRAKTOREN

UND LANDMASCHINEN

Wie sie funktionieren
und was sie können

EDITION XXL

VORWORT

Traktoren sind große Maschinen, die in der Landwirtschaft eingesetzt werden. Sie helfen dem Bauern bei der täglichen Arbeit. Früher mussten viele Menschen hart arbeiten, um die Felder umzugraben, das Korn zu säen und es später wieder zu ernten. Das alles erledigt der Bauer heutzutage mit modernen Traktoren. Viele von ihnen sind sogar mit Klimaanlage und Bordcomputer ausgestattet.

In diesem Buch findest du alles, was du über Traktoren und andere Landmaschinen wissen möchtest. Du erfährst, wie die verschiedenen Traktoren arbeiten, wo sie eingesetzt werden und welche zusätzlichen Ausrüstungen es gibt. Schau einem Traktor bei der Aussaat und bei der Ernte zu. Sieh dir an, wie Heuballen zusammengepresst und riesige Baumstämme abtransportiert werden. Überall gibt es Spannendes zu entdecken!

Hallo, ich bin Philipp.
Ich begleite dich durch dieses Buch und werde dir viele interessante Dinge erzählen!

INHALT

DIE VORGÄNGER

Die modernen Traktoren, mit denen der Bauer heute arbeitet, gab es in früheren Zeiten noch nicht. Damals wurde die Feldarbeit noch von Hand und mithilfe von Tieren bewältigt. Die Ackergeräte, die unsere Vorfahren benutzten, waren sehr einfach und haben sich erst im Laufe der Zeit weiterentwickelt.

Die Pferdekarre

Dieser Wagen aus Holz wurde vor die Pferde gespannt. Der Bauer transportierte damit Stroh, Getreide, Holz und vieles mehr. Die Pferdekarre wird auch **Fuhrwerk** genannt.

Die Sense

Mit diesem scharfen Gerät wurden Getreide und Gras per Hand abgemäht. Auf unzugänglichen Bergwiesen wird die Sense heute noch eingesetzt.

Wusstest du schon, dass **PS** die Abkürzung für **Pferdestärke** ist? 1 Pferd = 1 PS.

Die Zugtiere

Früher wurden Arbeitsgeräte, wie der Pflug, von Zugtieren gezogen. Das waren meistens Ochsen oder Pferde. Dem Pferd wurde ein Geschirr, auch **Kummet** genannt, um den Hals gelegt. Daran wurden die Stangen oder Ketten festgemacht, mit denen der Pflug gezogen wurde. Als Schutz für die Hufe braucht das Pferd ein **Hufeisen**. Damit ist es leichter, über den Acker zu laufen.

Der Pflug

Der Boden wurde mit dem Pflug gewendet und gelockert. Ganz früher wurden dafür Spaten und Hacke benutzt. Heute wird der Pflug von einem Traktor gezogen.

DIE ERSTEN TRAKTOREN

Der Traktor hat die Zugtiere abgelöst und die schwere Arbeit auf dem Feld übernommen. Er wurde Anfang des 20. Jahrhunderts erfunden und damals noch von Dampfmaschinen angetrieben. Später wurden die Dampfmaschinen durch Dieselmotoren ersetzt.

Eine Traktor-Briefmarke

Auf dieser deutschen Briefmarke aus dem Jahr 1975 ist ein Massey-Ferguson-Traktor abgebildet.

Die Ausstattung

Die ersten Traktoren hatten noch keine Fahrerkabine. Das bedeutete, dass die Bauern keinen Schutz vor Wind und Wetter hatten und bei Unfällen ungeschützt waren.

Der Lanz-Bulldog

Der deutsche Lanz-Bulldog wurde ab den 1950er Jahren von einem Dieselmotor angetrieben und hatte rund 35 PS. Durch den Dieselmotor hatte der Traktor mehr Kraft. Der Motor hatte Ähnlichkeit mit dem Gesicht einer Bulldogge. Noch heute nennt man einen Traktor „Bulldog".

Der Dampftraktor

Die dampfbetriebenen Lokomobile sehen aus wie Lokomotiven. Lokomobile wurden mit großen Mengen Kohle und Wasser angetrieben.

Wusstest du schon, dass Traktoren auch Bulldog, Schlepper oder Trecker genannt werden?

Der Fordson

Der Autobauer Henry Ford hat 1917 in Amerika den Fordson entwickelt. Das war der erste Traktor, der mit Benzin angetrieben wurde. Er hatte ein Getriebe, einen Rückwärtsgang und gerade mal 20 PS.

DER MODERNE TRAKTOR

Die modernen Traktoren haben mit den früheren Schleppern nur noch wenig gemeinsam. Sie sind heute mit viel Technik ausgestattet. Traktoren braucht man außer auf dem Feld auch im Wald, zum Streuen und Schneeräumen im Winter und auf der Baustelle.

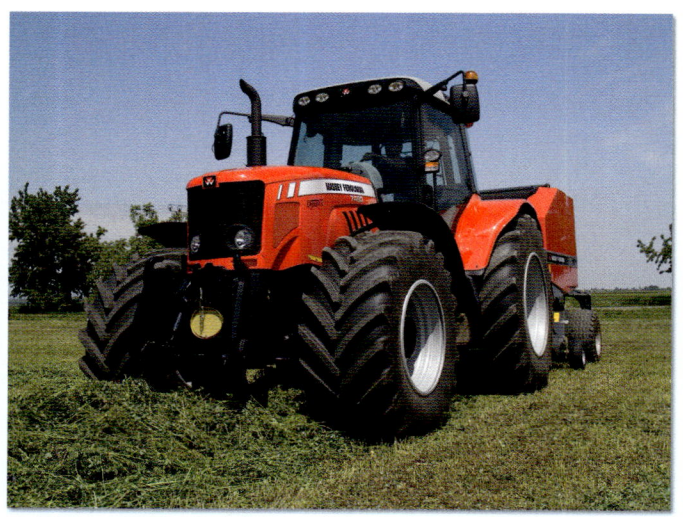

Der Traktor heute

Die heutigen Traktoren sind ganz schön stark: Sie können auch schwere Anhänger und Feldgeräte ziehen. Deshalb nennt man sie **Zugmaschinen**. Es gibt verschiedene Traktoren: große und kleine, mit mehr oder weniger starken Motoren und für unterschiedliche Arbeiten. Die meisten haben sogar GPS (System zur Positionsbestimmung des Traktors) oder eine Klimaanlage.

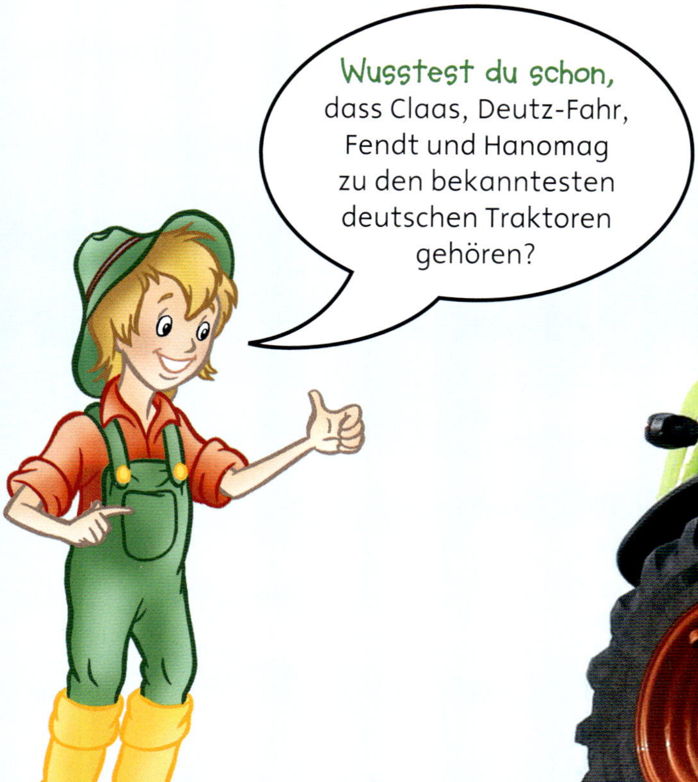
Wusstest du schon, dass Claas, Deutz-Fahr, Fendt und Hanomag zu den bekanntesten deutschen Traktoren gehören?

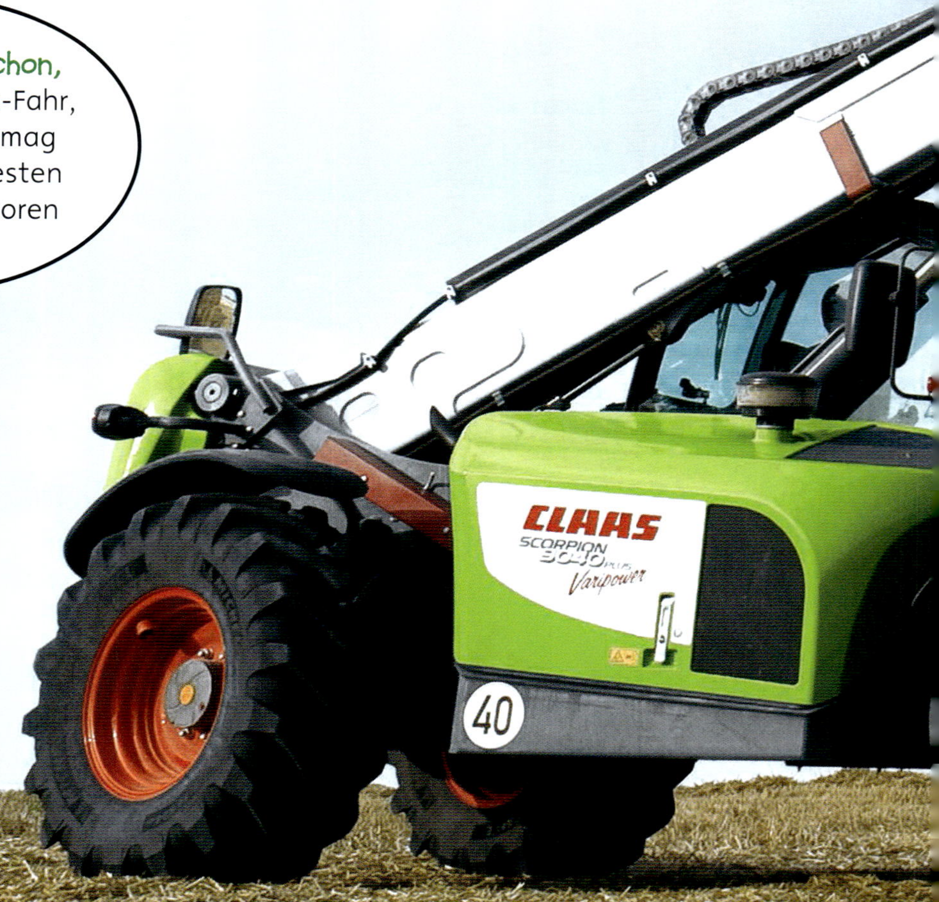
CLAAS
Varipower
40

Der Teleskoplader

Diese großen Maschinen sehen ein bisschen wie ein Traktor aus. Sie haben die Aufgabe, die Strohballen zu transportieren und zu stapeln. Der Teleskoplader kann seinen langen Arm bis zu einer Höhe von 30 Metern ausfahren und so riesengroße Strohballentürme errichten.

Der Feldhäcksler

Dieses Gerät ist bis zu 1000 PS stark. Der Bauer braucht es bei der Ernte von Gras oder Mais. Der Feldhäcksler zerkleinert das Erntegut und befördert es über ein Rohr (Auswurfturm) auf den Anhänger. Die gehäckselte Ernte wird z. B. an die Bauernhoftiere verfüttert.

DIE AUSSTATTUNG VORNE

Ein moderner Traktor ist mit vielen Teilen ausgestattet. Zu den wichtigsten im vorderen Bereich des Traktors zählen natürlich der Motor und die Fahrerkabine. Die meisten Traktoren haben heute auch Allradantrieb. Das bedeutet, dass die Räder nicht nur vorne oder hinten angetrieben werden, sondern alle vier auf einmal. So kommt der Traktor auf schwierigem Gelände und auf matschigen Böden besser vorwärts.

Die Kabine

In den Traktor-Kabinen gibt es supermoderne **Computer** mit vielen Schaltern und Knöpfen. Damit kann der Fahrer steuern, welche Arbeiten ausgeführt werden sollen. Außerdem gibt es einen Hebel für das **Handgas**. Damit kann der Traktor gefahren werden, ohne auf das Fußpedal zu treten.

Wusstest du schon, dass manche Traktoren eine Geschwindigkeit von bis zu 80 km/h erreichen und bis zu 45 Gänge haben können?

Der Motor

Ein Traktor braucht einen starken Motor, damit er Lasten heben oder ziehen kann. Manche Motoren haben eine Stärke von mehr als 500 PS. Die meisten Traktor-Motoren haben 4 bis 6 Zylinder und fahren mit Diesel-Kraftstoff.

Die Ausstattung eines Traktors (vorne):

1. Rückspiegel
2. Auspuffrohr
3. Arbeitsscheinwerfer
4. Kabine
5. Luke
6. Treppe
7. Vorderräder (steuern den Traktor)
8. Frontgewicht (es gleicht das Gewicht am Traktorheck aus)
9. Licht
10. Motor

DIE AUSSTATTUNG HINTEN

Der Traktor hat auf der Rückseite (am Traktorheck) einige Anschlüsse, um Feldgeräte anzuhängen. Der Bauer kann den Anhänger oder das Arbeitsgerät von der Kabine aus mit Schaltern bedienen.

Wusstest du schon, dass es auch spektakuläre Traktor-Rennen gibt, manchmal sogar mit Oldtimer-Traktoren?

Die Zapfwelle

Manche Geräte, die hinten an den Traktor angehängt werden, werden von der Zapfwelle angetrieben. Die Zapfwelle dreht sich und treibt so die Geräte an. Wenn z. B. ein Heuwender angehängt wurde, kann dieser über den Handgashebel eingestellt werden. Der Heuwender wird angetrieben und der Bauer kann sein Heu wenden.

Die Anhängerkupplung

Eine Anhängerkupplung findet man nicht nur an einem Traktor, sondern auch am Auto, Fahrrad oder Lkw. Damit wird z. B. ein Getreidewagen mit dem Traktor verbunden. Der Anhänger wird an die Anhängerkupplung angekuppelt und der Traktor zieht ihn hinter sich her.

Die Dreipunkthydraulik

Man nennt die Dreipunkthydraulik auch Dreipunkt oder Kraftheber. Hier werden Feldgeräte (Pflug, Egge) angekuppelt und angehoben. Sie besteht aus zwei Unterlenkern und einem Oberlenker. Deshalb heißt sie Dreipunkt. Der Bauer kann damit z. B. die Höhe oder Tiefe eines Pflugs einstellen und verändern.

Die Ausstattung eines Traktors (hinten):

1. Rückfahrscheinwerfer
2. Bremslicht
3. Anhängerkupplung (Anhängemaul)
4. Zapfwelle
5. Hinterräder (meist nicht lenkbar)
6. Dreipunkthydraulik

DER FRONTLADER

Der bewegliche Arm aus Stahlrohren vorne am Traktor ist ein Frontlader. Er wird in der Landwirtschaft benutzt, um schwere Lasten zu heben und zu transportieren, z. B. Mist, Stroh- und Heuballen oder Holz. An den Frontlader können verschiedene Arbeitsgeräte angeschlossen werden.

Die Gabel

Zu den Standardwerkzeugen des Frontladers gehört auch die Gabel. Es gibt verschiedene Bauformen der Gabel. Man kann damit z. B. einen Strohballen aufspießen oder mit der Greifgabel (unten) Gras transportieren.

Die Schaufel

Mit der Schaufel kann man nicht nur schwere Lasten aus der Landwirtschaft heben, sondern auch Sand, Kies oder Schutt auf der Baustelle. Man soll jedoch nur soviel Gewicht auf die Schaufel laden, wie der Traktor tragen kann.

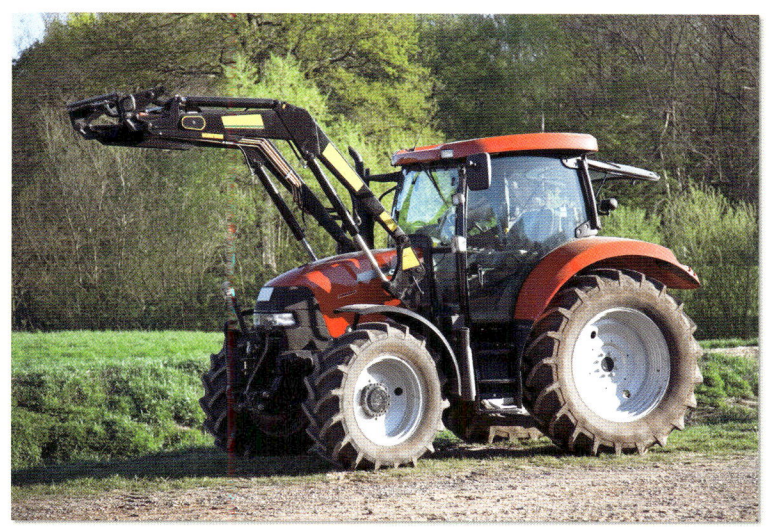

Das Heben und Senken

Bei älteren Traktoren wird der Frontlader von der Kabine aus mit einem Hebel bedient. Die modernen Traktoren heben und senken den Frontlader mit einem Joystick. Weitere Schalter steuern das Schließen der Gabel oder das Abkippen der Schaufel.

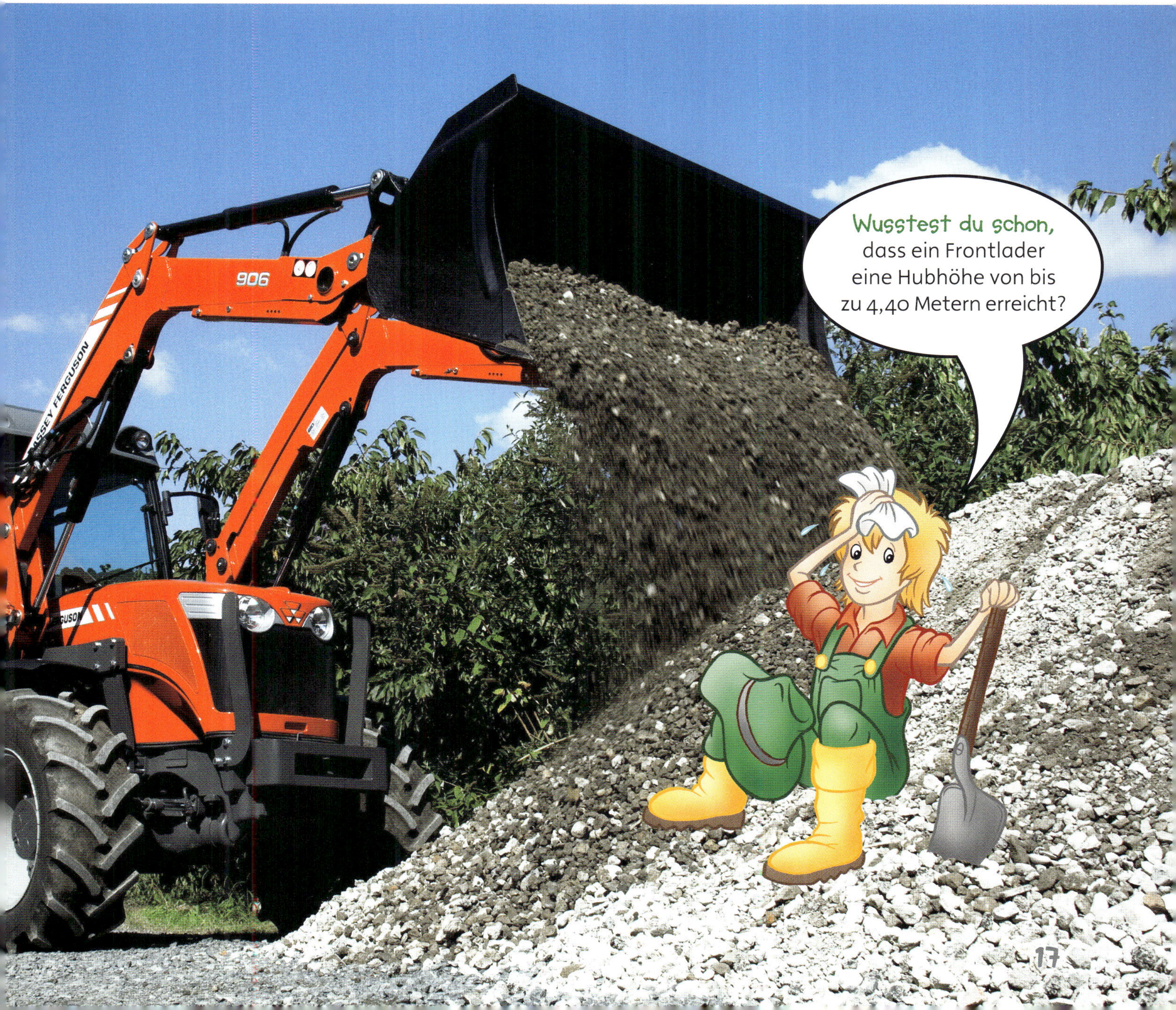
906
MASSEY FERGUSON
Wusstest du schon,
dass ein Frontlader
eine Hubhöhe von bis
zu 4,40 Metern erreicht?

DIE ANHÄNGER

An den Traktor können verschiedene Anhänger oder Feldgeräte angehängt werden. Mit den Anhängern kann der Bauer die Ernte oder Flüssigkeiten transportieren. Die Feldgeräte braucht er zum Bearbeiten des Feldes. Die Anhänger werden an der Anhängerkupplung befestigt und können problemlos hinter dem Traktor hergezogen werden.

Der Anhänger

Auf dem Anhänger transportiert der Bauer z. B. Kartoffeln, Holz oder Heu. Meistens können die Seitenwände aufgeklappt werden. So kann er besser entladen werden. Im Gegensatz zum Ladewagen hat der Anhänger in der Regel keine Kippfunktion.

Forstanhänger

Der Traktor hat so viel Kraft, dass er sogar einen Forstanhänger mit Holz ziehen kann. Das Holz wird zu einem Sägewerk gebracht, wo es weiterverarbeitet wird.

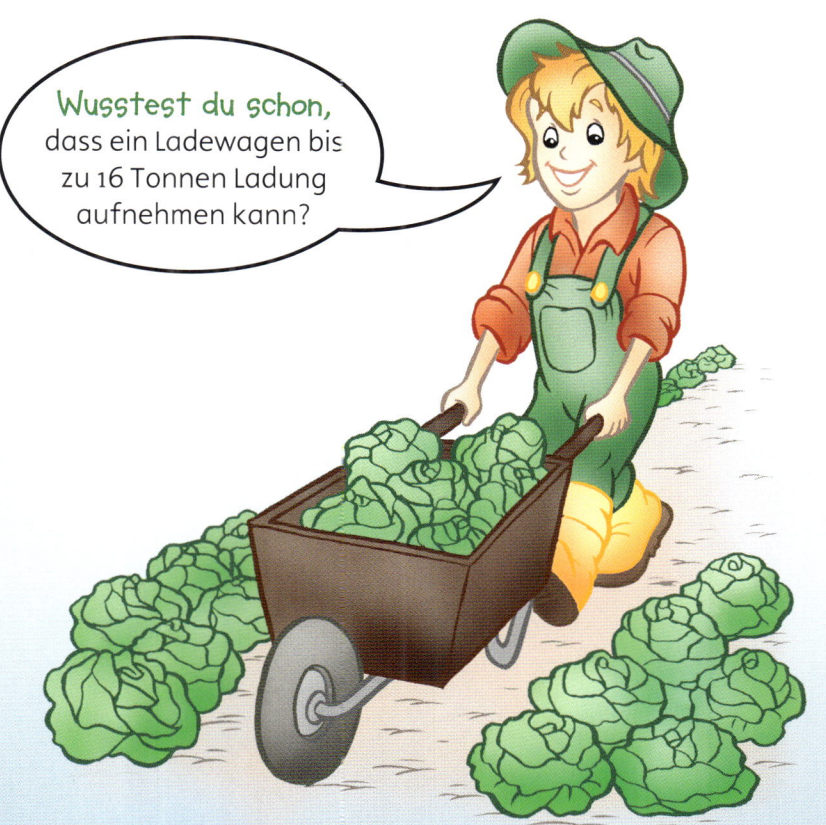

Wusstest du schon,
dass ein Ladewagen bis
zu 16 Tonnen Ladung
aufnehmen kann?

Der Ladewagen

Der Ladewagen ist eine Erntemaschine für Stroh oder Gras. Das Erntegut wird vom Boden aufgenommen (durch eine sich drehende Walze) und gelangt direkt in den Anhänger. Auf dem Boden des Wagens befindet sich ein Förderband (Kratzboden). Damit wird die Ladung optimal auf dem Anhänger verteilt und zum Schluss entladen. Die hintere Klappe wird geöffnet und das Förderband befördert die Ladung hinaus.

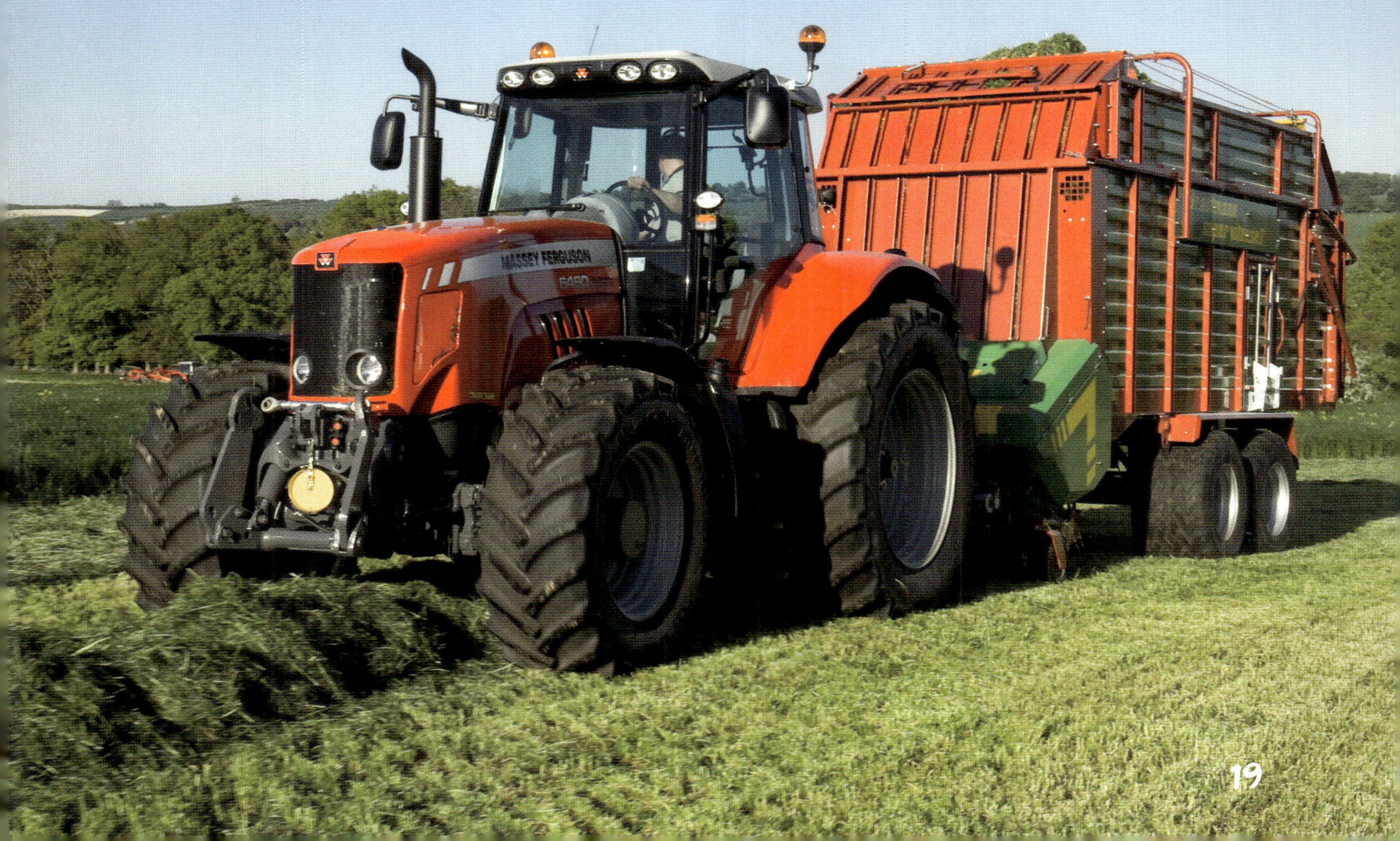
MASSEY FERGUSON

DAS PFLÜGEN

Bevor der Bauer etwas aussäen kann, muss er das Feld pflügen. Er hängt seinen Pflug hinten an den Traktor. Damit wendet er den Boden und lockert ihn auf. Dabei kann man auch beobachten, wie sich die Krähen auf dem frisch gepflügten Feld tummeln und nach Würmern suchen.

Die Pflugscharen

Die Klingen am Pflug werden Scharen genannt. Sie drehen die Erde um. Es entstehen sogenannte Furchen.

Wusstest du schon, dass noch heute in manchen Ländern mithilfe von Pferden das Feld gepflügt wird?

Die Egge

Nach dem Pflügen liegt die Erde in groben Schollen auf dem Acker. Sie muss weiter zerkleinert werden. Das geschieht mit der Egge (Kreisel- oder Scheibenegge). Sie wird mit dem Dreipunkt des Traktors verbunden. Erst dann kann das Saatgut ausgesät werden.

Warum wird gepflügt?

Meistens wird nach der Ernte im Herbst der Acker gepflügt. Dadurch wird die Wurzelschicht der geernteten Pflanzen zerstört. Es werden Dünger und Sauerstoff in den Boden eingearbeitet. Das macht den Boden locker und er kann das Wasser besser speichern.

DAS DÜNGEN

In der Landwirtschaft düngt der Bauer seine Felder mit unterschiedlichen Dingen: mit Gülle (Urin und Kot der Tiere), Mist (Urin und Kot der Tiere, verbunden mit Stroh) oder mineralischem Dünger (Salze, Phosphate). Gedüngt wird vor der Aussaat und auch während des Wachstums der Pflanzen.

Der Düngerstreuer

Während des Wachstums der Pflanzen düngt der Bauer nicht mehr mit Gülle oder Mist, sondern mit mineralischem Dünger. Der Dünger wird in einem Düngerstreuer transportiert. Zum Mineraldünger gehören Phosphate, Salze, Kalium, Magnesium, Kalzium und Spurenelemente.

Wusstest du schon, dass es in Deutschland auch Traktor-Museen gibt, z.B. in Sonsbeck oder Kempen?

Der Miststreuer

Der Mist wird auf den Miststreuer geladen und aufs Feld gebracht. Über ein Förderband (Kratzboden) auf dem Boden des Wagens wird der Mist ans Ende des Anhängers befördert. Hier befindet sich ein Streuwerk, das den Mist zerkleinert und auf dem Feld verteilt.

Das Güllefass

Der Bauer sammelt die Gülle in der Güllegrube. Mithilfe einer Güllepumpe gelangt die Gülle von dort in das Güllefass. Der Bauer hängt das Fass hinten an den Traktor und fährt die Gülle auf das Feld. Mit der Gülle gelangen viele Nährstoffe in den Boden und die Pflanzen können so besser wachsen.

Auf dem Feld

Das Güllefass in Aktion: Die Gülle wird aus dem Fass heraus auf das Feld gesprüht.

DIE AUSSAAT

Nachdem der Bauer das Feld gepflügt und gedüngt hat, kann er die Pflanzensamen säen. Er fährt mit der Sämaschine (Drillmaschine) auf das Feld. Mit dieser Maschine wird das Saatgut gleichmäßig in den Boden gelegt.

Der Grubber

Der Grubber wird vorne am Traktor befestigt, die Sämaschine hinten. Durch den Grubber wird der Boden aufgerissen und gelockert. Grubben und Säen geschehen also gleichzeitig.

Die Beregnungsmaschine

Mithilfe der Beregnungsmaschine bewässert der Bauer die Pflanzen. Das ist wichtig, wenn es lange nicht geregnet hat.

Wusstest du schon, dass eine Drillmaschine früher von 2 Pferden gezogen und von 3 Männern gelenkt wurde?

Sämaschine (Drillmaschine):

1. Im Saatkasten befindet sich das Saatgut.
2. Durch die vielen Schläuche werden die Samen in die Furchen gelegt.
3. Die Säscharen reißen zum Einlegen des Saatguts Furchen in den Boden und verschließen sie wieder.
4. Die Striegel drücken die Erde über den verschlossenen Furchen etwcs an. So liegt der Samen sicher in der Erde.

Die Feldspritze

Mit der Feldspritze verteilt der Bauer Pflanzenschutzmittel auf Feldern und Pflanzen. Damit schützt er die Pflanzen vor Krankheiten und Schädlingen.

WAS WIRD GEERNTET?

Zum Ernten von Getreide, Gemüse, Kartoffeln und vielem mehr braucht der Bauer die richtigen Maschinen: den Traktor, den Mähdrescher, den Kartoffelvollernter und noch andere spezielle Maschinen. Außerdem muss der Bauer auch den richtigen Zeitpunkt für die Ernte kennen.

Das Getreide

Schon seit Jahrtausenden ist das Getreide für die Menschen ein wichtiges Nahrungsmittel. Die verschiedenen Getreide sind Gräserpflanzen, sie gehören zu den Süßgräsern. In ihren Ähren sind die Getreidekörner. Wenn das Korn reif ist, wird es von den Mähdreschern geerntet und dann in der Mühle gemahlen. Durch das Mahlen entsteht Mehl. Getreide findet man in vielen Nahrungsmitteln: in Brot, Kuchen, Nudeln und Müsli.

Der Weizen

Die Gerste

Der Roggen

Der Hafer

Der Mais

Wusstest du schon, dass das Getreide seinen Ursprung im Nahen Osten (Irak, Iran, Israel und Libanon) hat?

26

Das Heu

Gemähtes und getrocknetes Gras nennt man Heu. Es dient als Futter für das Vieh auf dem Bauernhof, aber auch für die Haustiere.

Die Rüben

Bei uns werden verschiedene Sorten von Rüben angebaut: die Futterrübe (sie wird als Futter für das Vieh verwendet), die Zuckerrübe (aus ihr wird Zucker hergestellt) oder die Rote Bete (sie ist bei uns ein typisches Wintergemüse). Rüben werden im späten Herbst geerntet.

Das Stroh

Wenn das Getreide abgemäht ist, bleiben nur noch die trockenen Halme übrig. Diese getrockneten Halme des Getreides nennt man Stroh. Es wird gepresst und dient als Einstreu für die Tiere auf dem Bauernhof.

DIE HEUERNTE

Bei der Heuernte ist der richtige Zeitpunkt sehr wichtig. Das Gras darf nicht zu früh abgemäht werden und es muss ganz trocken sein. Nachdem es getrocknet ist, wird es zu Rechteck- oder Rundballen gepresst.

Das Mähwerk

Das Gras wird mit dem Kreiselmäher abgemäht. Dieser kann vorne und hinten an den Traktor angehängt werden. Das abgemähte Gras verwendet der Bauer als Frischfutter für seine Tiere oder macht daraus Heu.

Der Heuwender

Nachdem das Gras abgemäht wurde, muss es an den folgenden Tagen mehrmals von einem Heuwender gewendet werden. Erst wenn es richtig trocken ist, kann es gepresst werden. Sonst würde es verfaulen.

Der Schwader

Nach dem Heuwender kommt der Schwader zum Einsatz. Er fasst das Heu oder auch Stroh in gleichmäßige Reihen bzw. Schwaden. So kann es von der Ballenpresse besser aufgenommen werden.

Die Rundballenpresse

Das Stroh oder Heu wird von der Rund-
ballenpresse eingezogen, gepresst
und zusammengerollt. Dann wird es
mit Netzen oder Schnüren zusammengebunden. Zum Schluss öffnet sich der
hintere Teil der Presse und der fertige
Ballen rollt heraus.

Die Rundballenzange

Die schweren Heuballen können nicht von
Hand bewegt werden. Dafür verwendet
der Bauer eine Rundballenzange. Sie
kann an den Hebearmen des Frontladers
angebracht werden. Hier wurden die
Heuballen als Futtervorrat für den Winter
(Silage genannt) in Plastikfolie verpackt.

Wusstest du schon,
dass ein Rundballen bis zu
400 kg wiegen und einen
Durchmesser von 180 cm
haben kann?

DIE GETREIDEERNTE

Die ersten Mähdrescher wurden von Pferden gezogen. Die heutigen Mähdrescher sind große, fahrbare Erntegeräte mit sehr starken Motoren von mehr als 400 PS. Sie sind bis zu 10 Meter breit und wiegen mehr als 10 Tonnen. Die Mähdrescher ernten im Sommer das reife Getreide, Sonnenblumen oder Raps.

Der Dreschflegel

Früher war das Getreideernten nicht so leicht wie heute. Mit einer Sense wurde das Getreide abgemäht, dann zu Bündeln (Garben) zusammengebunden und getrocknet. Danach wurden die Getreidehalme (die Ähren) von Hand mit einem Dreschflegel gedroschen. Die Körner wurden so von den Ähren getrennt.

Der Mähdrescher

Das riesige Erntegerät kann gleich mehrere Arbeitsschritte auf einmal ausführen und wird deshalb auch Vollernter genannt. Ganz vorne an der Maschine befindet sich das Schneidwerk. Damit wird das Getreide abgemäht. Das Dreschwerk, im Inneren der Maschine, trennt die Spreu vom Korn. Das Korn wird gereinigt und gesiebt. Dann wird es im Getreidetank gesammelt. Das gedroschene Stroh fliegt aus dem hinteren Teil des Mähdreschers wieder auf das Feld.

Wusstest du schon, dass die ersten Mähdrescher von mehr als 40 Pferden gezogen wurden?

Das Abtanken

Das geerntete Korn gelangt über das Abtankrohr am Mähdrescher auf den Anhänger des Traktors. Der Getreide-tank des Mähdreschers kann nur eine bestimmte Menge laden und muss deshalb regelmäßig geleert werden.

KARTOFFELN SETZEN UND ERNTEN

Der Bauer setzt die Kartoffeln im Frühjahr und erntet sie im Herbst. Die Kartoffel ist ein wichtiges Grundnahrungsmittel. Es gibt mehr als 5000 Sorten in verschiedenen Farben, Größen und Formen.

Die Kartoffellegemaschine

Mit der Kartoffellegemaschine können in kurzer Zeit viele Kartoffeln in den Boden gesetzt werden. Die Maschine zieht auf dem Acker Furchen in den Boden. Die Kartoffeln werden in gleichmäßigem Abstand hineingelegt. Danach wird die Erde über den Kartoffeln zu einem Damm geformt.

Der Damm

Die Kartoffelreihen werden zu Dämmen geformt, um die Knollen vor dem Licht zu schützen. Außerdem schützt der Damm vor Schädlingen und zu hohen Temperaturen. Oben kannst du sehen, wie eine einzelne Kartoffelpflanze auf dem Feld aussieht.

Der Kartoffelkäfer

Dieses Insekt ist ein großer Schädling für die Kartoffelpflanze. Denn er und seine Larven fressen die Blätter der Kartoffelpflanze.

Die Furche

In der Furche liegen die Kartoffeln, die Mutterknollen, im gleichen Abstand nebeneinander. Die Mutterknollen sind geerntete Kartoffeln vom letzten Jahr. Sie werden wieder eingepflanzt und es entstehen neue Kartoffeln.

Mit der Hand

Früher wurden die Kartoffeln herausgehackt und mit der Hand aufgelesen. Aber auch heute noch werden Kartoffeln in vielen Ländern mit der Hand geerntet.

Wusstest du schon, dass auf der ganzen Welt jährlich mehr als 280 Millionen Tonnen Kartoffeln geerntet werden?

Der Kartoffelvollernter

Geerntet werden die Kartoffeln mit dem Vollernter. Er zieht sie aus der Erde, reinigt und sortiert sie und lädt sie ab.

WEITERE AUFGABEN

Der Traktor wird auf dem Bauernhof jeden Tag gebraucht. Der Bauer muss seine Tiere mit Futter und Wasser versorgen, er muss sie misten oder auf die Weide bringen. Für diese Aufgaben hängt er vorne oder hinten an den Traktor eine Schaufel, eine Gabel, ein Wasserfass oder einen Viehwagen an.

Im Stall
Der Bauer fährt das Futter mit dem Traktor in den Stall. Hier bekommen die Kühe frisches Heu.

Wusstest du schon, dass es Traktor-Vereine gibt, die Oldtimer-Treffen und Ausstellungen organisieren?

Das Wasserfass

Wenn das Vieh auf der Weide ist, muss es regelmäßig mit Wasser versorgt werden. Der Bauer hängt das Wasserfass an die Anhänger-kupplung und füllt es mit Wasser. Dann fährt er es auf die Weide.

Der Viehwagen

Im Winter ist das Vieh im Stall. Sobald es Frühling wird, kommen die Tiere auf die Weide. Der Bauer hängt den Viehwagen hinten an den Traktor. Er treibt das Vieh hinein und fährt den Viehwagen dann auf die Weide.

Das Füttern auf der Weide

Wenn das Futter auf der Weide knapp wird, werden die Tiere zusätzlich gefüt-tert. Hier bringt der Bauer seinen Kühen mit dem Traktor einen Heuballen.

IM WALD

Traktoren werden auch bei Waldarbeiten häufig eingesetzt. Sie ziehen gefällte oder umgefallene Bäume aus dem Wald und räumen so die Wege frei. Aufräumarbeiten im Wald sind sehr wichtig, denn der Wald muss gepflegt werden. Außerdem braucht man Platz für neue Bäume.

Der Greifarm

Mit dem Greifarm können dicke und schwere Stämme aufgehoben und auf einen Anhänger gelegt werden. Ein Greifarm kann bis zu 4 Meter in den Wald hinein-greifen. Danach wird das Holz zu einem Sägewerk gebracht.

Der Forwarder

Dieses Fahrzeug sieht einem Traktor sehr ähnlich. Es wird bei der Holzernte eingesetzt. Der Forwarder (oder Rücke-zug) hebt die Stämme auf und legt sie auf den Anhän-ger. Bei schwerem Gelände bekommt er besonders breite Reifen oder Raupenbänder angelegt.

Der Holzhäcksler

Manche Teile eines Baumes sind als Möbel- oder Brennholz nicht geeignet. Sie werden am besten zu Holzspänen verarbeitet. Hier wird das Holz mit dem Ladekran vom Boden aufgehoben und in den Häcksler gesteckt. Durch das Rohr werden die klein gehäckselten Holzstückchen auf den Anhänger geblasen. Das gehäckselte Holz kann als Brennholz für Heizungen oder als Streumaterial für Wege und den Garten verwendet werden.

Wusstest du schon, dass ein Forwarder ungefähr 18 000 Kilo Holz laden kann?

Die Seilwinde

Um die gefällten Stämme aus dem Wald zu ziehen, wird eine Seilwinde mit einem Rückeschild an den Traktor angehängt. Die Seilwinde hat eine Rolle mit einem dicken Drahtseil. Das Seil wird an dem Stamm befestigt. Die Seilwinde wird mithilfe der Zapfwelle angetrieben und bewegt den schweren Stamm aus dem Wald.

IM WINTER

Traktoren werden auch für den Winterdienst gebraucht. Die starken Maschinen fahren durch jedes Gelände und können große Schneemassen bewegen. Vorne und hinten können spezielle Geräte angehängt werden, mit denen Straßen und Plätze im Nu vom Schnee befreit werden.

Schneeketten

Auch ein Traktor benötigt im Winter Schneeketten, damit er sicher durch das Gelände kommt.

Die Schneefräse

Sie hat eine rotierende Walze, die den Schnee von der Straße abfräst. Der Schnee wird dann aus dem Schneeauswerfer herausgeschleudert. Das ist sehr praktisch, denn so wird der Schnee nicht nur zur Seite geschoben.

Die Schaufel

Vor allem auf dem Land sieht man viele Bauern, die mit der Schaufel vor ihrem Traktor den Schnee wegschieben.

Das Streugerät

Am Heck des Traktors wird das Streugerät angebracht. Es wird durch die Zapfwelle angetrieben. Das Streugerät verteilt Salz und Splitt auf den Straßen, damit die Autos sicher fahren können.

Der Schneepflug

Der Schneepflug wird vorne an den Traktor gehängt. Damit wird der Schnee zur Seite geschoben. Durch die Hydraulik kann man ihn heben, senken oder nach links oder rechts schwenken. Früher wurde der Schneepflug von Zugtieren gezogen und war aus Holz.

Wusstest du schon, dass die größten Schneepflüge auf Flughäfen zur Räumung von Landebahnen eingesetzt werden?

BEI DER WEINLESE

Im Herbst beginnt die Ernte der Trauben, die Weinlese. In engen, steilen Weinbergen müssen die Trauben immer noch von Hand geerntet werden. Aber in großen Weinbergen wird dafür ein besonderer kleiner Traktor eingesetzt: der Traubenvollernter.

Der Schmalspurtraktor

Im Obst- und Weinbau werden Schmalspurtraktoren eingesetzt. Sie können durch die engen Gänge im Weinbau fahren.

Mit der Hand

Die Weinlese mit der Hand ist anstrengend und kostet viel Zeit. Der Bauer kann dabei aber genau sehen, welche Trauben faul oder unreif sind und diese aussortieren. Das kann eine Maschine nicht.

Das Abladen der Trauben

Über das Förderband des Vollernters gelangen
die Trauben in Sammelbehälter. Diese werden
von einen Schmalspurtraktor durch den Weinberg
gezogen. Wenn die Behälter voll sind, werden die
Trauben auf einen großen Anhänger gekippt. In
der **Kelterei** wird daraus Saft oder Wein gemacht.

> **Wusstest du schon,**
> dass ein Traubenvollernter in
> einer Stunde die gleiche Menge
> Trauben erntet, wie 40 Menschen,
> die eine Stunde lang mit der
> Hand ernten?

Der Traubenvollernter

Er hat in der Mitte einen Tunnel. Der Traubenvollernter fährt über die Weinstockreihe hin-
weg. Im Tunnel unter dem Traubenvollernter
werden die Trauben mithilfe von speziellen
Stäben abgeschüttelt und in einen Trichter
geworfen.

WAS KANN EIN TRAKTOR?

Der Traktor übernimmt noch viele andere Aufgaben. Er ist bei Straßenarbeiten, auf der Baustelle und auch bei außergewöhnlichen Einsätzen zu finden. Der Traktor ist ein vielfältig einsetzbarer Helfer. Er ist zuverlässig, stark und robust.

Auf der Straße

An diesen Traktor wurde ein Mähwerk angehängt. Mühelos kann er damit das hohe Gras am Straßenrand abmähen.

Auf der Baustelle

Ein starker Traktor ist auch auf der Baustelle sehr hilfreich. Er kann große Lasten ziehen und fährt über fast jedes Gelände. Auch der Transport von Steinen und Schutt ist für ihn kein Problem.

Der Weihnachtsbaum

Der fleißige Helfer bringt den Weihnachtsbaum
zu dem Platz, wo er aufgestellt wird.

Bei Aufräumarbeiten

Im Garten- und Landschaftsbau sind Traktoren
wichtige Helfer. Sie sind für die Pflege von Parks
und Grünanlagen sehr nützlich.

> Wusstest du schon,
> dass man auf einen
> Traktor-Anhänger bis zu
> 20 Tonnen laden kann?

Bei dem Fest

Bei Stadtfesten und Umzügen sieht
man häufig, wie der Traktor einen
geschmückten Wagen zieht.

TRAKTOR-VARIANTEN

Unter den Traktoren gibt es auch einige Spezialfahrzeuge. Es sind meist kleinere Traktorarten, die besonders steile Hänge hinauffahren können oder im Wald und bei Straßenarbeiten eingesetzt werden. Auch hier können verschiedene Anhänger oder Arbeitsgeräte angehängt werden.

Der Kleintraktor

Ein Kleintraktor wird im Garten- und Landschaftsbau und beim Obst- und Weinbau eingesetzt. Oft sieht man ihn aber auch bei der Straßenreinigung in der Stadt.

Wusstest du schon, dass das Wort Traktor von dem lateinischen Begriff „trahere" stammt, was „ziehen" bedeutet?

Der Schienentraktor

Dieser spezielle Traktor hat Eisenbahnräder und kann auf Schienen fahren. Er zieht Güterwagen und andere Anhänger.

Der Unimog

Dieses Fahrzeug ist geländegängig, vielseitig und in vielen Bereichen einsetzbar. Der Unimog wurde ursprünglich für die Landwirtschaft gebaut. Er hat Allradantrieb, einen starken Motor und erreicht Geschwindigkeiten von rund 70 km/h. Deshalb ist er auch häufig beim Straßenbau, im Winterdienst oder bei der Feuerwehr zu finden.

Der Rasenmähertraktor

Für die Pflege von Grünanlagen, z. B. in Parks, wird der Rasenmähertraktor häufig verwendet. Mit ihm lassen sich schnell große Rasenflächen mähen.

Der Quad

Dieses kleine Geländefahrzeug ist nicht nur ein Spaß- oder Sportfahrzeug. Da er so klein ist, eignet er sich gut für den Garten- und Landschaftsbau und für die Weinberge.

DAS TRACTOR-PULLING

Tractor-Pulling (Traktor-Ziehen) ist in den USA ein riesiges Spektakel. Seit den 1970er Jahren gibt es diesen Motorsport auch in Deutschland. Die Traktoren, mit denen diese Rennen gefahren werden, haben gewaltige und starke Motoren, die großen Lärm machen. Sie ziehen auf einer etwa 100 Meter langen Strecke einen Wagen mit Gewichten hinter sich her. Wer am weitesten kommt, hat gewonnen.

Wusstest du schon, dass der Traktor beim Tractor-Pulling über 2000 PS haben kann?

Wie ein Monster

Die Traktoren beim Tractor-Pulling sehen ganz anders aus als die aus der Landwirtschaft. Ihre Motoren stammen meistens von Panzern, Lkws oder Hubschraubern.

Der Bremswagen

Der Traktor zieht einen sogenannten Bremswagen hinter sich her. Er wird mit Gewichten beladen, die während des Rennens hin- und herrutschen. Der Wagen hat hinten große Räder, die öfter durchdrehen und sich in den Boden eingraben.

46

Das Abheben

Durch das Herumrutschen der Gewichte im Bremswagen lässt sich der Traktor nur schwer lenken und ziehen. Wenn der Anhänger den Traktor sehr stark abbremst, heben die Vorderräder ab und der Traktor bleibt stehen.

© 2012 design cat GmbH

Genehmigte Lizenzausgabe
EDITION XXL GmbH
Industriestraße 19
64407 Fränkisch-Crumbach 2025
www.edition-xxl.de

Idee und Projektleitung: Sonja Sammüller
Illustrationen, Layout, Satz und
Umschlaggestaltung:
design cat GmbH

ISBN 978-3-89736-634-3